ÉTUDE

SUR LE

DROSOPHYLLUM LUSITANICUM

ÉTUDE

SUR LE

DROSOPHYLLUM LUSITANICUM

PAR

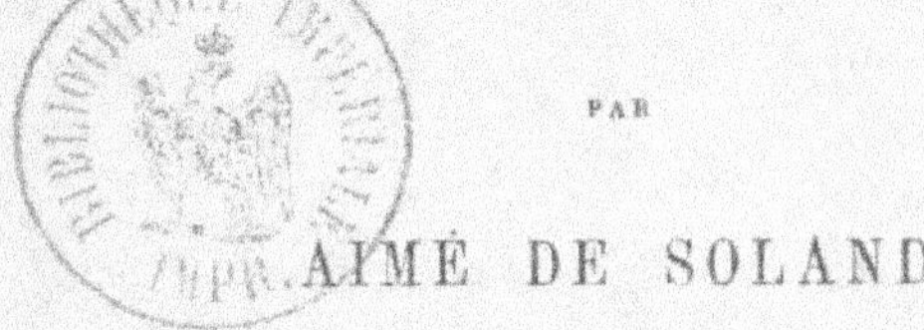

AIMÉ DE SOLAND

PRÉSIDENT DE LA SOCIÉTÉ LINNÉENNE DE MAINE-ET-LOIRE,

DIRECTEUR DU BULLETIN HISTORIQUE ET MONUMENTAL DE L'ANJOU;

Membre titulaire de la Société Linnéenne de Paris ;
Correspondant des Sociétés Linnéennes de Normandie et du Nord de la France ;
Des Sociétés Dunkerquoise, pour l'encouragement des sciences, des lettres et des arts; d'Agriculture,
belles-lettres, sciences et arts de Poitiers ; d'Histoire naturelle de la Moselle ; Polymatique
du Morbihan ; départementale d'Agriculture et d'horticulture du Gers ; des Sciences
historiques et naturelles de l'Yonne ; Historique et scientifique de Saint-Jean-d'Angely ;
Protectrice des animaux ; de l'Académie de Palerme ;
Membre de l'Institut des Provinces de France; de la Société Française, pour la conservation
des monuments historiques ; des Sociétés Archéologiques de Béziers; de Lorraine;
du Morbihan ; de Nantes; de la Société d'Archéologie nationale, etc., etc.

ANGERS

IMPRIMERIE P. LACHÈSE, BELLEUVRE ET DOLBEAU
13, Chaussée Saint-Pierre, 13.

1870

ÉTUDE

SUR LE

DROSOPHYLLUM LUSITANICUM

La plante dont j'entreprends l'étude, le *Drosophyllum lusitanicum* Link, est remarquable à plus d'un titre : d'abord, par son organisation, dont bien des détails ont été incomplétement étudiés ou même interprétés d'une façon qui ne me paraît pas devoir être acceptée sans contrôle ; en second lieu, par les affinités multiples qu'elle présente et par les questions de taxonomie qu'elle soulève ; enfin, par la singularité de sa distribution à la surface du globe, le *Drosophyllum lusitanicum* étant une plante à aire géographique très-peu étendue, considérée longtemps comme n'appartenant qu'à une portion restreinte de la péninsule ibérique, et ne s'étant d'ailleurs rencontrée depuis lors, que dans des régions très-voisines. J'examinerai successivement les trois côtés de la question que je me suis proposé de traiter.

I. ORGANISATION.

II. AFFINITÉS (COMPRENANT L'HISTORIQUE, PUIS LA DISCUSSION DES CARACTÈRES).

III. DISTRIBUTION GÉOGRAPHIQUE (ÉNUMÉRATION DES EXEMPLAIRES CONNUS).

I

Le *Drosophyllum lusitanicum* est un petit arbuste dont la hauteur moyenne est d'un pied ; sa tige n'atteint même pas la moitié de cette hauteur dans sa partie ligneuse, alors que la plante croît sur des rochers arides. Lorsque cette tige ne se ramifie pas, elle présente en petit tout à fait l'apparence de celle d'un palmier. Elle porte en effet un grand nombre de saillies brunâtres, inégales, squamiformes, imbriquées, qui ne représentent autre chose que les bases persistantes des feuilles tombées. Ailleurs, le tronc est ramifié et se partage en un petit nombre de branches divergentes qui naissent souvent à peu près à la même hauteur. La partie ligneuse de la plante ressemble alors à un petit candélabre à trois ou quatre branches, rarement davantage. Au centre de ces branches se trouve parfois un reste du sommet, presque complétement détruit, de la tige principale. Celle-ci a un bois très-dur, à tissu très-serré, de couleur brunâtre, entourant une moelle peu considérable, de consistance spongieuse. Plus haut, dans la portion de la tige qui répond à la végétation de l'année, la consistance devient herbacée et la couleur verdâtre. Les axes deviennent alors ce qu'on appelle généralement des hampes. Les feuilles y sont très-nombreuses et très-distantes les unes des autres, passant graduellement à l'état de bractées. Ici, l'état de la surface est totalement différent de ce qu'on observait dans les vieilles tiges ligneuses. L'épiderme porte deux ordres d'organes qui se distinguent, même à l'œil nu, les uns des autres. Les premiers sont des glandes capitées et stipitées, dont les saillies rendent la tige rugueuse au toucher ; les autres sont des taches un peu proéminentes et de coloration brunâtre. Il suffira d'indiquer sur les jeunes tiges l'existence de ces deux sortes de corps, que nous retrouverons bien mieux développés sur les feuilles et que nous étudierons là avec quelques détails. Au niveau des hampes herbacées, la moelle est plus abondante que dans les tiges ligneuses. Il est rare qu'elle fasse défaut au centre de l'axe, et que celui-ci devienne légèrement fistuleux.

Les feuilles du *Drosophyllum* sont alternes, sessiles, sans stipules, souvent nombreuses et rapprochées les unes des autres dans les endroits où, à une tige ou à une branche ancienne, devenue ligneuse et chargée de cicatrices desséchées, succède brusquement un rameau de l'année, encore tout à fait herbacé. Au premier abord, ces feuilles ressemblent tout à fait à celles des Monocotylédones ; ce sont de longues lanières ensiformes, linéaires, dont le sommet très-étiré est enroulé en spirale ou en crosse. En déployant la feuille adulte, on voit qu'elle est repliée sur elle-même dans toute sa longueur, de manière à former dès sa base une gouttière à concavité supérieure ; il en est de même dans toute l'étendue de l'organe, qui rappelle encore par là ce qu'on trouve dans un grand nombre de Monocotylédones. Souvent l'inflexion des bords est telle qu'on n'aperçoit plus rien à l'extérieur de la face supérieure du limbe. Par la nervation, celui-ci s'écarte encore de ce qu'on observe dans les Dicotylédones en général.

On y remarque d'abord trois grandes nervures longitudinales : la médiane, qui est la plus épaisse de toutes et qui s'étend d'un bout à l'autre du limbe, en faisant saillie sur les deux faces ; cette nervure devient tout à fait ligneuse avec l'âge. Puis, deux nervures marginales, parallèles à la première et qui sont aussi étendues dans presque toute la longueur du limbe ; au sommet seulement, elles s'atténuent beaucoup et finissent même par disparaître. Il semblerait donc qu'on eût, dans le *Drosophyllum*, une véritable feuille recti-nerviée, avec trois nervures seulement. Il n'en est rien pour l'observateur attentif. En examinant de près les deux bandes étroites du limbe qui sont interposées aux trois nervures décrites, on aperçoit des nervures secondaires très-grêles, plus ou moins obliques, qui relient entre elles les nervures longitudinales. Par là, ces feuilles se rapprochent donc de la nervation des feuilles des Dicotylédones ;

et, si pauvre que soit le réseau de leurs nervures secondaires, elles servent de passage entre les deux modes de nervation qui sont l'apanage général, mais non exclusif, des deux grands embranchements du Règne végétal.

Comme celles d'un grand nombre de Droséracées, les feuilles du *Drosophyllum* sont chargées de glandes auxquelles nous avons déjà fait allusion. Les unes sont des plaques sessiles, arrondies ou elliptiques ; elles ne nous occuperont pas longtemps. Les autres sont stipitées et méritent toute notre attention. Elles se composent d'une tige grêle rectiligne, longue de quelques millimètres au plus, et d'une tête à peu près globuleuse, molle, enduite à l'âge adulte d'un liquide visqueux. Leur ensemble rappelle bien la forme d'une petite épingle, enfoncée dans le limbe foliaire dans une portion voisine de la pointe.

La distribution de ces glandes capitées à la surface des feuilles obéit à certaines lois. Il est vrai que, d'une manière générale, on peut en rencontrer sur un point quelconque de la surface épidermique ; mais aussi, elles sont beaucoup plus nombreuses sur la face inférieure que sur la face supérieure. Il y a même une époque où il n'y en a pas une seule sur la surface supérieure, alors que l'inférieure en est chargée ; c'est ce que nous avons observé en suivant le développement des jeunes feuilles, comme nous le dirons tout à l'heure. Plus tard, les glandes stipitées peuvent bien se montrer également sur la face supérieure du limbe, près de sa base, mais toujours en petite quantité et avec de bien moindres dimensions. Lorsque la feuille adulte a les bords repliés en dessus, comme nous l'avons établi, toute sa surface paraît chargée de glandes ; mais c'est qu'alors on n'aperçoit en réalité, comme dans les *Iris*, que l'épiderme inférieur de la feuille. L'épiderme supérieur, occupant la concavité de la gouttière, ne porte que des plaques glanduleuses sessiles, sans glandes stipitées, ou avec un petit nombre de ces organes, dont quelques-uns sont incomplétement développés et n'ont que la tige sans dilatation terminale.

Nous avons réussi à faire germer dans une serre des graines de *Drosophyllum*, récoltées en Portugal par l'habile inspecteur du jardin de Coïmbre, M. E. Goeze. Ces graines, après avoir passé une partie de l'été dans une serre chaude, n'ont levé qu'au mois de janvier ; il est vrai que la température de la serre était toujours élevée. Mais je ne serais pas étonné que ce fût là, dans son pays natal, l'époque de la germination normale de cette plante. Combien j'ai observé d'exemples d'espèces européennes qui, quoi qu'on fît, et à quelque époque qu'on les semât, germaient toujours à un moment déterminé, et seulement avec un très-faible écart, dû sans doute aux circonstances artificielles dans lesquelles avaient été placées les semences ! J'espère que les botanistes portugais voudront bien vérifier ce fait pour le *Drosophyllum*. La germination présente quelques faits intéressants à constater. La graine, gonflée et ramollie, est crevée à son extrémité aiguë par la radicule qui vient poindre au dehors et qui s'allonge rapidement. Sur la surface de ce cône étiré naissent de petites racines latérales. Bientôt, à la suite du corps radiculaire sortent aussi des enveloppes séminales la base de la tige et celle des cotylédons. Ceux-ci ont une sorte de pétiole, concave du côté qui regarde la tige. Leur surface d'insertion est très-large. Bientôt ils s'allongent et deviennent plus ou moins arqués ; mais leur véritable limbe reste dans la graine, sous forme d'une lame plus ou moins amincie, d'un tissu mou qui absorbe graduellement tous les sucs contenus dans l'albumen ramolli ; la germination est donc hypogée pour les cotylédons. Bientôt ils sont assez longs pour que le sommet de la tigelle et la gemmule puissent se dégager de l'intérieur de la graine et venir se dresser au-dessus du sol. Les deux premières feuilles (après les cotylédons) se voient alors nettement. Ce sont deux petites lanières opposées, insérées en face l'une de l'autre, exactement au même niveau, comme les cotylédons. Tandis que, par leur portion inférieure, elles demeurent étroitement appliquées l'une contre l'autre, cachant ainsi le bourgeon qui est placé entre elles, leur portion supérieure se réfléchit, puis se révolute en forme de crosse. La tigelle, avec ses feuilles verdoyantes, rappelle alors la forme d'une fourche ou d'un Y à branches enroulées en dehors. Bientôt la surface des feuilles devient un peu rugueuse. Çà et là, en dessous seulement, des petits mamelons proéminent sur l'épiderme ; ce sont les premiers rudiments des glandes capitées. Nous allons pouvoir les étudier au point de vue histologique, et nous nous rendrons ainsi compte d'un des points les plus intéressants de l'histoire naturelle du *Drosophyllum*.

Ces saillies ne dépendent pas seulement de l'épiderme. Ses cellules aplaties et incolores se soulèvent graduellement pour les former, il est vrai, mais avec elles, le parenchyme sous-jacent dont les utricules sont gorgées de chlorophylle. Puis, des nervures qui parcourent la feuille et qui sont de nature fibro-vasculaire, on voit se détacher des portions de faisceaux qui occupent le centre de la portion verte du mamelon et qui se dirigent vers son sommet. Ces mamelons se comportent donc absolument comme de *jeunes lobes foliaires* dans lesquels se développe l'élément fibro-vasculaire. Celui-ci est bientôt caractérisé, vers la base du mamelon, par la présence de vaisseaux spiralés, surmontés de cellules allongées qui, elles-mêmes, présentent sur leur paroi une spiricule analogue. Les trachées qui occuperont le centre de la tige de la glande finissent donc par des cellules spiralées au-dessous de la dilatation terminale. Celle-ci est de nature cellulaire. Les utricules qui la composent se cloisonnent, se dédoublent et forment bientôt une masse arrondie autour de laquelle elles se disposent avec une assez grande régularité. Ces cellules deviendront plus tard les agents sécréteurs d'un liquide visqueux qui suintera au travers de leur paroi.

Pendant que ces modifications se produisent dans les glandes capitées de la surface de la feuille, l'extrémité de cet organe présente aussi des particularités remarquables. Son extrême sommet n'est pas uniquement formé des cellules spiralées qui, placées bout à bout, terminent les trachées. Les faisceaux fibro-vasculaires longitudinaux n'arrivent pas jusqu'à cette extrémité molle, assez semblable, comme tissu, à l'extrémité d'une jeune radicelle. L'épiderme y devient bientôt assez distinct ; les cellules plus profondes se multiplient et grandissent ; leur ensemble forme un gros bouton, une sorte de tête, ordinairement teintée en rose pâle, à cause du contenu

de ces cellules. Cette masse terminale est donc de même nature
que les têtes des glandes de la surface. Son volume est plus considérable, il est vrai ; mais je crois pouvoir dire que le lobe terminal
de la feuille se comporte, dans son évolution histologique, comme
les lobes latéraux que représentent les poils capités.

Les auteurs ne sont pas d'accord sur l'inflorescence du *Droso-*
phyllum ; toutefois la plupart écrivent que ses fleurs sont disposées
en corymbes. Si le corymbe est une grappe à axes de deux géné-
rations, ceux de la seconde étant inégaux et portant toutes les fleurs
à peu près à la même hauteur, telle n'est point la véritable disposition des parties dans notre plante. Voici en effet comment les choses
s'y passent , ce qu'il est surtout facile de voir quand on observe
des groupes floraux un peu jeunes. Ce que nous avons appelé la
hampe, porte encore des feuilles, plus courtes et plus éloignées les
unes des autres que celles qui se trouvent vers la base. Ces feuilles
dégénèrent graduellement en bractées. Quant à la hampe elle-
même, elle se termine par une fleur, fleur qui s'épanouit la première, qui est la plus âgée de toutes. Donc l'axe principal de
l'inflorescence est ici parfaitement terminé. Maintenant, quelques-
unes des bractées que porte, sous la fleur qui le termine, cet axe
principal, ont dans leur aisselle un axe secondaire ; et ces axes de
deuxième génération sont alternes, comme les bractées elles-mêmes,
et placés à des niveaux assez éloignés. C'est par là que l'inflorescence rappelle un corymbe. Comme d'ailleurs les axes secondaires
sont souvent peu inégaux, les fleurs peuvent fort bien ne pas arriver
au même niveau ; cela n'arrive que dans un certain nombre d'in-
florescences. D'ailleurs les axes secondaires portent aussi plusieurs
bractées. Dans l'aisselle de la plupart, aucun organe ne se développe. Mais une ou deux d'entre elles ont, au contraire, un petit
axe tertiaire dans leur aisselle ; et ce petit axe, s'élevant parfois
bien plus haut que le sommet de l'axe secondaire, se termine aussi
par une fleur de troisième génération. On voit çà et là des axes de
quatrième génération, terminés par un bouton. Je ne sais si les
choses vont plus loin dans la nature, vers la fin de la belle saison.
Mais ce que nous pouvons hardiment conclure de ce qui vient

d'être observé, c'est que l'inflorescence est centrifuge dans le *Drosophyllum*, et que chacun de ses axes, de quelque génération qu'il soit, se termine par une fleur. Si donc les axes secondaires et tertiaires ne naissaient pas alternativement, les uns loin des autres, et s'ils ne présentaient pas ces inégalités de longueur que nous avons indiquées, l'inflorescence apparaîtrait tout à fait comme une cyme à trois ou quatre degrés de végétation.

Le réceptacle floral du *Drosophyllum* est convexe ; il a la forme d'un cône surbaissé et porte successivement, de bas en haut, le calice, la corolle, l'androcée et le gynécée ; ce dernier est donc supère, libre ; et l'insertion de l'androcée et du périanthe est nettement hypogyne. Le type floral est normalement quinaire ; on observe toutefois çà et là le nombre 4 dans les verticilles floraux extérieurs, et, comme nous le verrons plus loin, les nombres 3 et 4 dans les éléments constituants du gynécée. Les sépales sont libres ou unis dans une très-faible étendue à la base. Ils sont disposés dans le bouton en préfloraison quinconciale, et tous sont égaux entre eux, ou un peu inégaux ; les plus extérieurs c'est à dire les sépales 1 et 2, étant dans ce cas un peu plus courts que les autres. Ils sont, ou presque triangulaires avec des sommets un peu arrondis, ou ovales-oblongs, aigus au sommet ; leurs bords sont finement glanduleux et parsemés, aussi bien que leur face extérieure, de ces mêmes poils glanduleux, capités, que nous avons déjà signalés et étudiés avec détail sur les jeunes branches et sur les feuilles. Les pétales sont alternes avec les sépales, libres, égaux entre eux, obovales-oblongs, à peine atténués à leur base sessile, et arrondis, obtus ou coupés presque droit ou émarginés au sommet. La corolle qu'ils consti-tuent par leur réunion est régulière, il est vrai ; mais chacun des pétales n'est pas toujours exactement symétrique ; le bord recouvert d'un pétale ne présente pas toujours parfaitement la même courbure que l'autre bord, qui se trouve recouvert dans la préfloraison ; et ce défaut de symétrie entre les deux moitiés d'un même pétale, se retrouve dans les nervures de son limbe. Le phénomène est en rapport avec le mode de préfloraison de la corolle, qu'il faut étudier, par consé-quent, avant d'aller plus loin. La préfloraison peut être tordue ; nous l'avons constaté plusieurs fois ; chaque pétale est recouvert par un bord, recouvrant par l'autre. Dans ce cas, la courbe du bord recouvrant est plus prononcée que celle du bord enveloppé. C'est surtout à la base des pétales adultes qu'on peut constater cette insymétrie ; elle est peu prononcée, il est vrai, à cet âge dans le *Drosophyllum*, et elle disparaît même à peu près complétement un peu plus haut dans les boutons très-jeunes. Elle est bien plus manifeste vers l'onglet, et elle apparaît là telle qu'on l'observe dans un grand nombre de corolles tordues de plantes appartenant aux groupes des Apocynées, des Linées, des Oxalidées, etc. On sait que, dans ces familles, non-seulement la forme, mais encore la couleur et l'épaisseur des bords peuvent varier suivant qu'ils sont enveloppés ou enveloppants. Les *Plumeria*, les *Oxalis* à pétales jaunes et rougeâtres, et bien d'autres plantes pourraient nous en fournir des exemples multipliés. Si cette insymétrie avait à peu près complétement disparu à l'âge adulte, dans les longs pétales du *Drosophyllum*, on la retrouverait encore dans la disposition des nervures. Cette disposition mérite donc d'être étudiée.

Plusieurs nervures partent de la base des pétales en divergeant très-légèrement ; elles ne se séparent les unes des autres que suivant des angles d'une dizaine à une quinzaine de degrés, sans qu'on puisse distinguer une nervure principale et des nervures secondaires. Bientôt chacune de ces nervures se bifurque suivant un angle également très-aigu. Les divisions se ramifient ainsi de bas en haut, d'une façon très-inégale et toujours suivant des angles très-peu ouverts. Vers le sommet du pétale, la disposition régulièrement dichotomique a toujours disparu. Vers les bords, l'irrégularité est plus grande encore ; les divisions des nervures s'inclinent plus d'un côté que de l'autre. Et cela est si marqué dans la portion inférieure de certains pétales tordus, que le bord recouvrant peut ne recevoir encore aucune nervure dans une certaine étendue, ou n'en recevoir que très-peu et de très-délicates. Ce bord apparaît alors plus transparent, plus pâle, plus mince que l'autre bord ; et c'est ici que se révèle toujours l'insymétrie si difficile quelquefois à constater dans le *Drosophyllum* par la comparaison des courbures des deux bords.

Dans les fleurs où la préfloraison de la corolle était ainsi tordue, nous avons vu que le sens de la torsion était de gauche à droite ; mais nous ne saurions affirmer qu'il en soit toujours ainsi. Peut-être que, dans des fleurs qui répondraient à un autre côté de l'axe que celles que nous avons pu examiner à un âge suffisamment jeune, le sens de la torsion serait différent. Nous n'indiquons cette possibilité que pour faire comprendre combien il peut y avoir d'inconvénients à déterminer sur un seul, ou sur un petit nombre de boutons, le sens de cette torsion des corolles, puis surtout à distinguer des genres d'après ce caractère, comme nous l'avons vu faire récemment dans certaines familles naturelles. Il arrive, en effet, qu'une fleur placée d'un côté de la tige, présente un enroulement en sens contraire de celle qui est située de l'autre côté ; et cette différence est surtout fréquente dans les plantes à feuilles opposées, comme les Apocynées, Gentianées, etc.

De la préfloraison tordue à la préfloraison imbriquée, il n'y a qu'une nuance. Qu'un des pétales dont l'un des bords est recouvert et l'autre recouvrant, se déplace pendant son accroissement, de façon à porter en dehors du pétale voisin le bord que celui-ci devait recouvrir ; ou inversement, que le bord destiné à être enveloppant, passe en dedans du pétale voisin ; et la préfloraison deviendra vexillaire ou cochléaire, de tordue qu'elle aurait dû être. Ce fait qui se produit quelquefois dans les Linées, très-rarement dans les Malvacées, très-fréquemment au contraire dans les Caryophyllées, se présente çà et là dans le *Drosophyllum* ; il se produit non-seulement pour une seule, mais à peu près aussi souvent pour deux des folioles de la corolle. Il en résulte que tous les modes d'imbrication peuvent ici s'observer, même la préfloraison quinconciale qui est normale dans le calice.

L'androcée est hypogyne, et il est ordinairement diplostémoné ; dans ce cas, cinq étamines plus grandes sont superposées aux sépales, et cinq autres, plus courtes, aux pétales. Ces dernières sont ordinairement adhérentes dans une faible étendue de leur filet aux pétales qui leur correspondent.

D'ailleurs les filets sont libres, grêles ; ils supportent chacun une anthère biloculaire, introrse, attachée un peu au-dessous de sa base, sur le sommet un peu aminci du filet, et déhiscente par deux fentes longitudinales qui se rapprochent souvent des bords de l'anthère. Ce qu'il y a de plus remarquable, dans certaines fleurs du *Drosophyllum*, c'est que l'androcée y possède plus de dix étamines ; on en a compté jusqu'à vingt, dit-on. Nous n'avons jamais pu observer ce nombre ; mais celui de quinze étamines se présente plus fréquemment.

Comment sont alors disposées ces quinze étamines ? Cinq d'entre elles étant superposées aux sépales, et cinq autres, aux pétales, comme dans les fleurs décandres, les cinq dernières ne sont exactement en face, ni des cinq premières, ni des cinq autres.

En d'autres termes, il n'y a pas trois verticilles d'étamines, lorsque celles-ci sont au nombre de quinze ; et il est possible, par conséquent, qu'il n'y ait pas quatre verticilles, dans tous les cas où il existe vingt étamines. Ceci nous donne à penser que, dans les fleurs où le nombre d'étamines dépasse dix, il y a, non pas multiplication des verticilles, mais bien division, dédoublement latéral de certaines pièces de l'androcée, comme il arrive dans beaucoup de groupes voisins, ceux des Malvacées, des Linées, des Oxalidées, des Géraniacées, etc., plantes dont la fleur a d'ailleurs tant de ressemblance, par son périanthe principalement, avec celle des *Drosophyllum*. Il n'est guère possible, sur des fleurs sèches et adultes, de déterminer exactement la situation des étamines autres que celles qui sont nettement superposées aux pièces du périanthe ; mais il suffit que la superposition de cinq des pièces de l'androcée aux sépales ou aux pétales n'existe pas, pour nous faire supposer que les faits de dédoublement dont parle M. Dickson, et dont d'autres auteurs ont donné tant d'exemples dans des plantes d'organisation analogue, se produisent ici pendant l'évolution de la fleur, alors que celle-ci possède plus de dix étamines. Mais il est bien évident que l'étude organogénique pourrait seule faire connaître quelle est dans ces cas la véritable symétrie de l'androcée.

Le gynécée, libre et supère, se compose d'un ovaire ovoïdo-conique, surmonté d'un style à un nombre variable de branches. Le plus souvent on en trouve cinq, superposées aux pétales et indiquant sans doute combien de feuilles carpellaires entrent dans la composition du gynécée ; mais assez souvent aussi il n'y en a que quatre ou même trois. A cet égard, le *Drosophyllum* est comparable aux Linées, autrefois toutes réunies dans le grand genre *Linum*. Les pistils à cinq branches stylaires répondent à ceux de la plupart des véritables Lins ; ceux à quatre branches rappellent celui de la Radiole, et le nombre trois est, comme l'on sait, celui qui appartient au genre *Reinwardtia*, d'ailleurs si voisin, à tous égards, des *Linum* proprement dits. Dans le jeune âge, les branches du style se dressent verticalement, rapprochées en faisceau, mais sans aucune adhérence entre elles, sur le sommet du cône que représente l'ovaire. Mais vers l'époque de l'anthèse, les branches commencent à s'étaler horizontalement et même à descendre de dedans en dehors, dans une petite étendue voisine de leur base. Il en résulte qu'elles forment à ce niveau une sorte de petites étoiles à trois, quatre ou cinq branches, dont le sommet de l'ovaire est comme coiffé ; après quoi elles se relèvent en divergeant et conservent partout la même épaisseur jusqu'à la dilatation que présente brusquement leur sommet. C'est une sorte de tête un peu aplatie, ou de bouton à contour circulaire ou un peu réniforme, avec une légère échancrure intérieure, tout chargé sur les bords et en dessus de papilles épaisses, sécrétant une substance visqueuse et gluante dont toute la surface stigmatique est bientôt recouverte. Aussi n'est-il pas étonnant que les grains de pollen s'y attachent en très-grande abondance.

L'ovaire n'a qu'une seule loge. A sa base, l'axe floral lui-même pénètre dans son intérieur et s'élève un peu en forme de cône surbaissé pour former un placenta central libre, comparable à celui d'un grand nombre de Primulacées par sa situation, mais beaucoup plus déprimé. Toute la surface placentaire donne insertion à un nombre infini, mais très-variable, d'ovules anatropes et supportés par un funicule grêle. Suivant la longueur et la direction de ce funicule, les ovules affectent des directions très-variables. Quelques-uns sont à peu près transversaux d'abord ; mais ils deviennent bientôt tous ascendants. Ce sont ceux qui se rapprochent le plus du sommet du placenta qui ont les plus longs funicules. Les ovules supérieurs sont quelquefois même tout à fait verticaux.

Le fruit est accompagné du calice persistant et assez étroitement appliqué contre sa portion inférieure. Il est à peu près de forme conique, sec et presque membraneux à son entière maturité. Il s'ouvre du sommet à la base en un certain nombre de panneaux aigus, cinq le plus ordinairement, ou quatre, trois (nombre relativement fort rare). Ces panneaux sont donc en même nombre que les feuilles carpellaires, et lorsqu'on en compte cinq, ils sont superposés aux sépales. Les fentes verticales qui les séparent les uns des autres descendent jusque vers le milieu de leur hauteur, souvent plus bas, quelquefois même jusqu'au voisinage de leur base. Le fruit se trouve donc béant par sa partie supérieure, avec un orifice à bords dressés, non réfléchis. Les graines ne se séparent qu'après un certain temps de leur placenta. Celui-ci est bien plus surbaissé encore que dans la fleur; c'est un plateau brunâtre, à surface supérieure presque horizontale. Mais de cette surface s'élève un assez grand nombre de funicules, rigides, rectilignes, de consistance presque ligneuse, de couleur brunâtre; chacun porte une graine à son sommet.

La direction des graines est un peu variable, comme celle des ovules. La plupart cependant sont ascendantes ou dressées. Elles n'ont pas été jusqu'à présent décrites d'une façon complète et avec une entière exactitude. Comme forme générale, ce sont à peu près des cônes renversés au sommet desquels répondent le hile et le micropyle; elles sont donc anatropes, comme les ovules. La base du cône n'est pas tout à fait plane; son centre est occupé par une petite saillie qui répond à l'axe de la région chalazique. Quant à la surface convexe du cône que représente la graine, elle est partagée assez nettement en deux régions par une sorte d'anneau légèrement proéminent, dont le contour est parallèle à celui de la base même du cône et qui sépare extérieurement un petit cône formé par la portion supérieure du plus grand, c'est-à-dire la portion de la graine voisine du hile et du micropyle. Pour nous servir d'une comparaison vulgaire, qu'on suppose qu'on a, sur les deux tiers de la hauteur d'un pain de sucre, à partir de sa base, entouré sa surface convexe d'un cordon peu saillant formant une circonférence parallèle à celle de la base. Tout ce qui dans la graine est compris entre les deux circonférences répond à la région du périsperme ; tout ce qui est en dessus de la plus petite, entre elle et le sommet, répond à la région de l'embryon.

Nous savons donc d'avance ce que nous observerons en pénétrant dans l'intérieur de la graine. Nous distinguerons d'abord ses deux téguments : l'extérieur testacé, d'un brun noirâtre, rugueux, irrégulièrement et finement réticulé à sa surface ; l'intérieur mince, membraneux, translucide. Dans toute la portion de la cavité séminale qui est du côté de la base du cône, se trouve un albumen charnu, abondant ; dans l'autre portion est renfermé l'embryon. Une petite quantité de l'albumen qui se prolonge dans ce compartiment, forme à l'embryon une enveloppe de plus, peu épaisse, peu consistante, charnue comme le reste du périsperme. Dégagé de cette tunique, l'embryon apparaît sous forme d'un petit sabot (turbiné) dont le sommet légèrement aigu, répond à la radicule et regarde du côté du micropyle. Tout le reste est formé extérieurement de deux gros cotylédons, plan-convexes, assez analogues de forme à ceux des *Nymphæa*.

Ils vont en épaississant, en s'élargissant et en s'épanouissant de la base au sommet. Celui-ci est obtus, coupé presque droit. Dans la plupart des graines, en écartant les cotylédons l'un de l'autre on aperçoit la gemmule qui est de forme conique et qui présente au moins deux folioles distinctes à son sommet. Avec la tigelle qui est fort courte et la radicule qui a la forme d'un cône à base supérieure, la plantule débarrassée de ses cotylédons représente assez exactement une masse fusiforme trapue.

II

Nous allons maintenant présenter l'historique du *Drosophyllum lusitanicum*. Les nombreux auteurs que nous avons compulsés et dont les travaux sont analysés dans ce travail prouveront aux lecteurs de cette étude, nous l'espérons du moins, combien nous avons mis de soin à rechercher tout ce qui pouvait avoir de l'intérêt pour le sujet que nous nous sommes proposé de traiter aussi complétement que possible.

L'auteur le plus ancien qui se soit occupé du *Drosophyllum lusitanicum*, ou du moins celui auquel nous avons remonté le plus haut, est l'anglais Gabriel Grisley, dans le préambule de son *Viridarium lusitanicum* (Lisbonne, 1661).

Suivant l'usage des botanistes de ce temps, Grisley donne à la plante que nous étudions un nom qui se termine en *oïdes*; ainsi il la désigne sous le nom de *Chamæleontioides*. Linné, dans son *Philosophia botanica*[1], a plaisanté les botanistes qui employaient une pareille terminologie : il les appelle des *Botanicoïdes*.

L'ouvrage de Gabriel Grisley, composé de quarante feuilles, se trouve dans la bibliothèque des De Candolle.

Ray a inséré ce travail dans son *Stirpium europearum Silloge*.

---

[1] Linnæi *Philosophia botanica*, p. 161 (ed. 4) :

« Nomina generica in *oïdes* desinentia e foro Botanico releganda sunt. »

C'est dans le même volume, p. 394, dans le *Critica botanica*, que se trouve ce passage :

« Audivi dudum cum risu a philosophis et medicis objici *oïdes* istud, ut
« quam primum viderint librum Botanicum, licet Botanices parum gnari,
« ausi fuerint certare, se dignum judicium in autorem daturos; evolverunt
« modo indicem, et si observarint plura nomina in *oïdes* ab autore confecta,
« mox enunciarunt eum non esse *Botanicum*, sed *Botanicoïdem*. »

En 1700, Tournefort fit paraître son immortel ouvrage intitulé : *Institutiones Rei herbariæ*. Dans ce traité, nous trouvons notre plante décrite sous le nom de *Ros solis* (Rosée du soleil), nom beaucoup plus harmonieux que celui de *Chamœleontioides*. Tournefort trouve que le *Ros solis* du Portugal a les feuilles de la petite Asphodèle : *Ros solis lusitanicus, foliis Asphodeli minoris*.

Un auteur anglais, Salisbury, n'adoptant pas la synonymie des naturalistes qui l'avaient précédé, a décrit notre plante sous le nom de *Ladrosia*.

Léonard Plukenet, dans son *Phytographia* (1691), a publié un dessin très-exact du *Ros solis lusitanicus*. Au bas de la planche qui reproduit cette jolie fleur on lit :

« *Ros solis lusitanicus* maximus, foliis Asphodeli minoris doctoris
« Tourneforti. *Chamœleontioides* Grisley, in Epist. dedicat. ad
« Viridar. lusit. ; munere D. Courtière accipimus. »

Ainsi, comme on le voit, Plukenet adoptant le nom choisi par Tournefort, cite la synonymie de Grisley et nous apprend que l'échantillon qui lui a servi de modèle pour faire la gravure du *Ros solis* lui a été envoyé par le Dr Courtière.

L'écossais Robert Morison [1], dans un grand ouvrage intitulé : *Plantarum historiæ universalis Oxoniensis*, I, p. 620, s'est occupé du genre *Ros solis* et de l'espèce portugaise :

---

[1] Après avoir reçu au combat d'Aberdeen une blessure qui ne lui permit pas de servir la cause de l'infortuné Charles 1er d'Angleterre, Morison se réfugia dans Paris, puis, ayant entendu parler de la célébrité de la faculté de Médecine d'Angers, il y vint, en 1648, prendre ses grades.

Lorsque Morison se présenta devant la docte faculté afin de consigner sur les registres sa déclaration relative aux *droits de Bourse*, c'est-à-dire ce qu'on appelle aujourd'hui les inscriptions, les docteurs régents furent tellement émus au récit que Morison leur fit de ses misères et des privations endurées par le noble écossais, depuis le jour où vaincu, il avait déposé les armes, gagné la France et était arrivé à Angers, qu'ils résolurent de l'exempter de la contribution pécuniaire ; mais Morison fier comme un homme de sa race ne voulut rien accepter et, ainsi que tous les autres étudiants, il s'engagea par écrit sur le livre des *contre-lettres des externes*, à verser les droits de Bourse exigés pour prendre les grades en médecine et recevoir le doctorat.

« *Ros solis* recentiorum quibusdem δρόσιον quòd quamvis diu sol
« fervidibus æstate eam illustret, tamen folia semper rore et hu-
« miditate madent dicitur.

« In paludibus putridis inter muscum nascens reperitur. »

Passant ensuite au *Ros solis lusitanicus*, Morison ajoute :

« *Ros solis lusitanicus, foliis Asphodeli minoris* Tournefortii,
« *El. bot.*

« *Chamæleontioides* Grisley , folia habet dodrentem longa
« *Asphodelina* supina parte sulcata et rorelle in modum pilosa ac
« prona parte convexa, flores caulium summitatibus insidentes, aliis
« hujus familiæ majores sunt.

« Rara hæc planta a cl. Tournefortio in Lusitania collecta et
« cum DD. Sherardo communicata est cujus in collectaneis cum
« pluribus aliis rarissimis observavimus. »

Il résulte de ce passage que ce fut Tournefort qui, le premier en
France, étudia le *Drosophyllum* qu'il avait recueilli dans ses voyages
en Portugal, et que ce fut d'après des échantillons qui lui furent
communiqués par Sherard que Morison put faire ses observations
sur cette plante qu'il considère comme très-rare.

Linné changea le nom de *Ros solis* en celui de *Drosera*.

Dans le *Species plantarum*, 1753, Sp. 403, la plante est ainsi
décrite :

« *Drosera lusitanica ;* scapis radicatis ; foliis subulatis subtus
« convexis. »

Les fleurs quinaires jaunes à épi latéral sur une hampe nue,
les capsules uniloculaires, à cinq valves, les feuilles roselées, pé-
tiolées et entièrement hérissées de poils glanduleux, d'un brun
rouge, qui sont les principaux caractères du genre *Drosera*, por-
tèrent Linné à faire un *Drosera*, de la plante portugaise.

Vicat, dans sa Matière médicale tirée de Haller (*Historia stirpium
indigenarum Helvetiæ*), ne donne aucune description des diverses
espèces de *Ros solis ;* il s'exprime en général sur elles.

« Ces espèces sont, dit-il, âcres au point d'ulcérer la peau et
« d'attaquer les dents. Outre cela, les *Ros solis* sont un poison pour
« les moutons, à qui ils gâtent le foie et le poumon en leur causant
« une toux qui les fait périr insensiblement. L'esprit de vin en
« retire une teinture amère. Leigh dit que ces plantes fournissent
« une huile volatile.

« Bonfigli dit que la teinture qu'on en prépare est sudorifique,
« et qu'elle est un remède spécifique pour la plique.

« Siegesbeck la dit bonne pour les maladies catarrhales, et
« Chomel dit que l'herbe est utile dans les maladies des poumons.

« Nicolaus lui attribue la qualité diurétique. Dans le nord de
« l'Allemagne et en Suède, on se sert du *Ros solis* pour faire cailler
« le lait, qu'ils appellent alors *Tattialk*. Les Suédois se servent du
« lait de chèvre (la saveur de cette dernière espèce a une acidité
« agréable et un peu ferrugineuse). »

Haller et Vicat, qui écrivaient, l'un en 1768, et l'autre en 1776,
ont-ils connu notre plante et lui assignent-ils les mêmes propriétés
qu'à tous les *Ros solis*? Le *Ros solis lusitanicus* était-il pour eux la
Rorelle, l'herbe aux goutteux, le *Saisirora*, le *Sponsa Soli* THAL.,
ic. IX, n. 2? Nous l'ignorons; et ces deux auteurs ne sont pas assez
explicites pour que nous puissions prendre une conclusion. Du
reste, ils écrivaient après Linné, qui avait changé le nom de *Ros
solis* en celui de *Drosera*.

Le savant botaniste portugais Brotero (*Flora lusitanica*, II, 215,
Spergula, 1804) ne voit dans le *Drosophyllum* ni *Chamæleontioides*,
ni *Ros solis*; il le considère comme une Spergule aux feuilles teintées
de rose et lui donne pour adjectif qualificatif celui de *droserioides*.

Laissons parler Brotero, qui, après une courte description du
Spergula droserioides, indique les localités où il l'a observé, et
décrit ensuite les caractères qui l'ont déterminé à faire une Spergule
d'une plante que ses devanciers dans la science avaient classée dans
un autre genre.

« SPERGULA DROSERIOIDES.

« S. radice caulescenti ; caulibus superne ramosis ; foliis subu-
« latis, carinatis, apice spiraliter tortis, pilosis, pilis rorido-glandu-
« losis ; seminibus pedicellatis.

« Lusit. *Herva Pinheira orvalhada.*

« *Drosera lusitanica* L.

« *Chamæleontioides* GRISL., *Vir. lusit.*, n. 325.

« *Spergula rorida, lusitana* Grisl., *Vir. lusit.*, n. 1351.

« Hab. in sabulosis aridis trans Tagum circa *Seixal et Arrentella*,
« circa *Torres Vedras, Monte junto, Chao de Macdas, Redinha* et alibi
« in collibus picis ex Olisipone usque *Aveiro* ad quinque leucas ab
« Oceani littoribus.

« Fl. æstate ; perenne et quasi suffrutex.

« RADIX perennis ramosa, superne crassitudine pennæ anserinæ,
« sensim quotannis extus terram sese erigens, seu duas ad qua-
« tuor uncias caulescens, foliis emortuis superne cincta : ibi nova
« folia, quasi ut in Palmis progerminant, quæ radicalium vices
« gerunt, cum ad terram nulla, nisi a seminis germinatione anno
« primo Caulis in ætate plantæ tenera unicus, postea duo tres qua-
« tuorve ex apice radicis caulescentis, semipedales aut paulo al-
« tiores, teretes, paucifolii, erecti, superne ramosi, ramis alternis,
« erectis, unifloris, inferioribus sæpe altioribus, omnibus, uti caulis,
« pilosis, pilis apice capitato-glandulosis, succumque glutinosum
« exsudantibus. Folia radicalia, et quæ in apice radicis caulescen-
« tis, in orbem congesta, erectiuscula, caule paulo breviora, subu-
« lata, carinata, supra planiuscula, apice spiraliter retorta, ad oras
« præsertim piloso-glandulosa : caulina similia, alterna, sursum
« versus caulis apicem sensim breviora. Flores quatuor ad septem,
« caulem et ramos terminantes. Calyx pentaphyllus, foliolis ovato-
« lanceolatis, acuminatis intus glabris, extus et ad oras piloso-
« glandulosis, corolla brevioribus. Corollæ petala lutea, obovata.
« Stamina constanter decem. Pistilla quinque Capsula calyce fere du-
« plo longior, glabra, unilocularis, quinquevalvis, valvis ovato-lan-
« ceolatis. Semina conica, unam lineam longa, nigricantia, basi

« lata subconcava, ibique in medio umbilicata, decem ad duodecim,
« nonnulla abortientia, omnia in fundo capsulæ singulaque pedicello
« parvo imposita. Integumenta duo membranacea. Albumen semini
« conforme, sordide albidum, cartilagineum, apice, ubi embryo,
« excavatum. Embryo inversus, minutus, albus, conicus, in apice
« angusto et excavato albuminis sedens. Cotyledones obovatæ,
« crassæ, hinc ad plumulam subconcavæ, inde convexæ. Plumula
« conica, alba, apice bifida, cotyledonibus dimidio brevior ; radicula
« brevissima, acutiuscula. Planta, carpologice considerata, sui
« generis ; fructus enim nec *Droseræ* nec *Spergulæ :* loco tamen
« habitationis sabuloso et arido, caule ramoso et foliato, numero-
« que staminum propenso potiori jure *Spergulis* quam *Droseris*
« eam associandam esse, maxime in tyronum commoditatem
« credidi.

« Succus glandularum papyrum colore saturate purpureo
« tingit. »

Cette observation relative au suc des glandes du *Drosophyllum*,
qui a la propriété de teindre le papier en couleur pourpre, est due à
Brotero ; nous n'avons trouvé la mention de ce fait dans aucun
autre auteur.

L'opinion de Brotero, considérant le *Ros solis* comme une Spergule
ne fut généralement pas admise. Bientôt parurent d'autres botanistes
qui lui donnèrent une autre place dans la classification. Cependant,
comme on a pu le voir en lisant attentivement la description donnée
par Brotero, ce n'était pas par pur caprice que ce botaniste avait
rangé notre plante, dans la famille des Caryophyllées ; il ne l'avait
fait qu'après de longues observations ; il avait remarqué dans les
caractères généraux qui constituent la famille des Caryophyllées,
une grande analogie avec ceux de la plante qu'il a si minutieusement décrite, tels que : feuilles entières, tiges noueuses et articu-
laires, calice à 4 et 5 dents ou à 4 et 5 sépales, pétales onguiculés,
androcée diplostémone, 2-3 styles, capsules déhiscentes au sommet,
placenta axile, graines nombreuses, embryon involuté, albu-

miné, etc. Tout à l'heure nous allons présenter les arguments d'un autre maître de la science qui détruisent ceux de Brotero.

Nous voici arrivé à Link, qui, dans le Journal de Schrader, *Neues Journal für die Botanik herausgegeben v. professor Schrader,* 1806, p. 1, 53, a créé le genre *Drosophyllum,* aujourd'hui adopté par les botanistes. Nous allons suivre la savante discussion de Link, qui mérite être consignée dans cette étude, car c'est à Link qu'on doit la meilleure description du *Drosophyllum lusitanicum;* description qui a servi de guide à tous les autres botanistes qui se sont occupés après lui de cette Droséracée.

« DROSOPHYLLUM (*Drosera lusitanica* Linn.), novum genus, des-« criptum a H. F. Link, professore Rostochiensi.

« *Drosera lusitanica* Linnæi tot notis a Droseræ genere discrepat, « ut nullo modo cum eo conjungere possit. Taceo stamina decem « quorum jam mentionem fecit Linnæus; staminum enim numerus « aut denarius aut quinarius, levissimi sane momenti nota est.

« Fructus vero constantes offert characteres; capsula papyracea « est, unilocularis, ad medium fere quinquevalvis; semina nullo « modo parietibus, ut in Drosera, sed creberrimis funiculis sper-« maticis in centro capsulæ fundo affixa. Nec ad eumdem ordinem « naturalem pertinet, sed ad Caryophylleas quarum plurimæ se-« mina eodem modo inserta habent.

« LINNÆUS in *Speciebus plantarum* hæc verba addit :

« Generis Droseræ speciem esset negat Rajus, stamina huic « decem constantia observavit Alstroemer adeoque Oxalis diceretur, « si flores essent umbellati et foliorum proprietas non detineret « cum capsula uniloculari.

« Oxalidis genus capsulæ structura longe a nostra planta differre « ex supra dictis satis patet, unde vero sumserit vir celeberrimus, « Rajum dixisse plantam non esse generis Droseræ, nullo modo « invenire potui. Rajus in *Suppl. ad Historiam plantar.*, p. 551, « ubi de Drosophyllo loquitur hæc subjungit : *ad hunc locum non*

« *pertinet cum Roris solis flos proprie pentapetalos sit, non penta-*
« *petaloides.* »

« Cum vero *Drosera lusitanica* corollam habeat pentapetalam,
« patet, Rajum nil dicere voluisse nisi plantam loco congruo omi-
« sisse, hic vero loco incongruo inseruisse.

« Clarissimus Brotero, professor Conimbricensis, cum quo jam
« olim de hac stirpe nobis sermo fuit, in litteris ad me datis ait, se
« *Droseram lusitanicam* ad Spergulæ genus referendam esse pu-
« tare. Non negandum est huic generi proximam esse. At Spergula
« habet semina margine membranaceo cincta et embryonem spi-
« ralem absque albumine; hinc *Spergulam strictam* aliasque a
« Spergula sejungenda et cum Sagina, quamquam obstet staminum
« numerus combinanda senseo. A Sagina vero capsulis non ad basin
« usque dehiscentibus et sporophoro (ita voco receptaculum semi-
« num) brevissimo vix ullo differt Drosophyllum, ut taceam
« habitum longe discrepantem.

« Semina quidem nonnisi cassa, quod maxime dolemus, vidimus;
« et rarius semina maturat planta, sed potius radicibus propagatur;
« quantum vero hariolari licuit, embryo non periphericus est, uti
« in plerisque Caryophylleis, sed centralis aut dorsalis, character
« igitur essentialis hic erit. »

Link, comme les botanistes qui l'ont précédé, ne semble pas s'être
beaucoup préoccupé de la graine; aussi des caractères essentiels à
la plante, ont-ils échappé à son investigation. Nous croyons que ce
botaniste s'est trompé en disant que la graine mûrit mal et que la
plante se reproduit plutôt par les racines.

Le *Drosophyllum*, placé dans un terrain qui lui est propre, fruc-
tifie bien et donne des semences qui se reproduisent facilement.

Link a minutieusement étudié le *Drosophyllum*, comme on peut
le voir par la description suivante tirée du travail de cet auteur.

« DROSOPHYLLUM.

« CALYX pentaphyllus. Petala 5, integra. Stamina 10.
« STYLI 5. Capsula unilocularis ad medium quinque valvis,

« papyracea. Semina in centro capsulæ fundo funiculis longis
« affixæ.

Drosophyllum lusitanicum.

« CAUDEX (Rhizoma Ehrharti) simplex sæpe pedalis, lignosus,
« cortice nigricante, fibrillis radicans.

« CAULIS e caudice unus, rarius 2 et plures erectus, superne ra-
« mis paucis, pedalis, subangulatus glandulis fungiformibus stipi-
« tatis obtectus, succum viscosum secernentibus.

« FOLIA caudicina conferta, uti inferiora caulina sessilia, linearia,
« 3 unc. ad pedem longa, vix 2 lin. lata, longissime acuminata,
« supra planiuscula, subtus convexa : superiora deliquescentia ;
« omnia undique glandulis, uti caulis, tecta ; juniora circinata.

« INFLORESCENTIA centrifolia pauciflora.

« PEDICELLI a ½ unc. 4 unc. longi, arrecti ; bracteæ plures alternæ
« lanceolatæ, 4-6 lin. longæ, lin. latæ.

« CALYX pentaphyllus ; phylla ovalia, 5 lin. longa, 2-3 lin. lata,
« acuta, glandulosa uti caulis.

« PETALA 5, cuneiformia ; ungues a lamina non separati, inter
« se approximati ; tota unciam longa, superne, ubi latissima, 7 lin.
« lata, otundata, integra et integerrima, sulphurea, lineis fuscen-
« tibus.

« STAMINA 10, corolla multo minora, quinque paullo majora ; fila-
« menta filiformia basi planiuscula, receptaculo inserta ; antheræ
« incumbentes, oblongæ, polline flavo.

« PISTILLA 5 epigyna staminum minorum magnitudine ; styli
« filiformes ; stigma capitatum, flocculosum.

« CAPSULA calyce duplo major, conica, obtusa, papyracea, unilo-
« cularis, ad medium quinquevalvis.

« SEMINA plurima (ad 20-30) funiculis 1-2 lin. longis funde in
« centro capsulæ affixa, oblonga, rotundata, planiuscula, medio
« subcarinata. »

Auguste Saint-Hilaire (*Mémoires du Muséum*, 1815, II, p. 124,
famille des *Caryophyllées*), a, dans une remarquable étude sur

le placenta libre, résumé les diverses opinions émises sur le *Drosophyllum lusitanicum*, comme on peut en juger par ce passage :

« On avait attribué au genre *Drosera* un placenta libre et
« central, mais Gærtner, ainsi que MM. Aubert du Petit-Thouars
« et Jules Tristan, ont très-bien observé que plusieurs espèces de
« ce genre, entr'autres nos *Drosera longifolia* et *rotundifolia* L.,
« avaient comme les violettes leurs semences placées au milieu
« des trois valves d'une capsule uniloculaire.

« Bien différent de ces plantes, le *Drosera lusitanica* L. s'en
« distingue par sa tige feuillée, par ses dix étamines, sa capsule
« s'ouvrant en cinq valves seulement jusqu'à moitié, et surtout
« enfin par la présence d'un axe central auquel les semences
« sont attachées. Je me suis assuré que les parois de la capsule
« ne portaient pas les graines et sans avoir vu l'axe central je
« n'en suis pas moins convaincu de son existence, car elle est
« suffisamment indiquée par la description de M. Link, insérée
« dans le journal de Schrader (2ter Theil, 2ter Band 3 51) et
« M. de Tristan dit d'une manière positive, qu'un placenta ana-
« logue à celui des Caryophyllées occupe le milieu du fruit (*Ann.
« Mus.*, XVIII, p. 40). Tant de caractères [1] distincts autorisent
« certainement à séparer le *Drosera lusitanica* des autres *Ros solis*,
« et le genre *Drosophyllum* [2] de Link, ne saurait manquer d'être
« adopté. Mais je ne puis croire, avec ce célèbre physiologiste, que
« son nouveau genre doive être réuni aux *Caryophyllées*; un
« caractère isolé, quel qu'en soit l'importance, ne suffira jamais

[1] M. Link dit qu'il existe dans la capsule des cloisons incomplètes. Je ne
les ai point aperçues.

[2] Necker avait déjà formé aux dépens du *Drosera* de Linné (*Elem. bot.*,
pag. 160), un genre *Esera* auquel il attribue des feuilles sur la tige et une
capsule s'ouvrant au sommet en cinq valves et il ne dit pas à quelle espèce
ce genre doit être rapporté, mais il est clair que ce n'est point au *Drosera
lusitanica* L., puisque celui-ci a dix étamines et que l'*Esera* en a cinq. L'existence d'une tige feuillée dans l'*Esera* me fait croire que Necker avait en vue
le *D. cistoïdes* L., qui alors aurait une capsule à cinq valves, comme le

« pour rapprocher un genre d'une famille extrêmement naturelle ;
« et si l'existence d'un axe central établit quelques rapports entre
« les *Caryophyllées* et le *Drosophyllum*, combien ne s'en éloigne-
« t-il pas par ses feuilles alternes, par leur enroulement, par les
« glandes nombreuses qui couvrent toute la plante et enfin par sa
« physionomie qui ne se retrouve plus guère que dans le genre
« *Drosera !* Au reste, M. Link n'aurait peut-être pas songé à ce
« rapprochement singulier, s'il eût connu la structure des semences.
« Je vais en décrire les différentes parties telles que j'ai eu l'hon-
« neur de les faire voir à M. de Jussieu. Les graines du *Droso-*
« *phyllum* sont grosses, noires, pyriformes et je présume que le
« point d'attache est à l'extrémité du bout le plus petit. Elles n'ont
« point d'arille, leur tégument propre est crustacé. Un grand pé-
« risperme charnu les remplit presqu'entièrement ; et tout à fait à
« sa base, c'est-à-dire que le bout étroit de la graine est un em-
« bryon très-petit, parfaitement conique, simplement appliqué
« contre le périsperme, mais point entouré par lui. Les cotylédons
« qui forment la base du cône *embryonal* sont épais et tronqués à
« leur extrémité, seule partie de l'embryon qui soit en contact avec
« le périsperme. La radicule très-courte forme le sommet du cône
« et aboutit au point de la semence que je prends pour l'ombilic.
« Cette organisation générale fort rare, et qui ne se retrouve dans
« aucune graine *caryophyllée*, achève d'éloigner le *Drosophyllum* de
« cette famille. Mais si l'on ajoute à la ressemblance de physio-
« nomie une semence qui intérieurement est organisée chez les
« *Drosera* absolument comme dans le *Drosophyllum*, on jugera
« sans doute que, malgré la différence, à la vérité fort remar-

---

D. *lusitanica* L. Ce caractère et celui des feuilles sur la tige me feraient
penser que ces deux plantes, malgré la différence qui existe dans le nombre
des étamines, peuvent être congénères, et je crois que l'on fera bien d'examiner avec détail le D. *cistoides* L. Il me paraît vraisemblable que Linné a
fait sa description du *Drosera* d'après cette dernière espèce, car il indique
avec cinq étamines une capsule à cinq valves. A la vérité, Gærtner en attribue
trois ou cinq à la capsule de nos *Drosera* indigènes, mais il est clair que par
respect pour Linné, il a voulu accorder la description du botaniste suédois
avec ce qu'il avait vu lui-même.

« quable, que présentent les placentas, on doit laisser ces deux
« genres l'un à côté de l'autre. Quelques particularités que j'ai ob-
« servées dans la graine du *Drosera*, mal décrite par Gærtner, et
« qui sont indépendantes de sa structure intérieure, m'aideront
« peut-être à découvrir ou à confirmer les véritables affinités des
« deux genres dont il s'agit ; mais, pour ne pas trop m'éloigner de
« mon sujet, je me réserve de traiter ailleurs ce point de bota-
« nique. »

Auguste Saint-Hilaire a su saisir tout ce qui avait échappé aux
autres botanistes et n'a pas oublié les caractères de la graine. Son
étude sur le sujet qui nous intéresse est la plus complète de celles
publiées à l'époque où écrivait ce professeur de la Faculté des
sciences de Paris ; mais depuis, d'autres observations ont été pro-
duites, et la science n'a pas encore dit son dernier mot.

Dans le Dictionnaire de Levrault (*Dictionnaire des sciences naturelles,* Paris, 1819), nous trouvons bien peu de renseignements sur
notre plante. Voici seulement ce qu'on y lit :

« DROSÈRE DE PORTUGAL.

« Drosera lusitanica L., *Species,* 403. »

Salisbury appelle ce même genre *Ladrosia lusitanica.*

Nous lisons dans le *Prodromus* de De Candolle cette courte description :

« Sepala et petala 5 unguibus approximata Stam. 10. Styli 5,
« filiformes. Capsula-5, valvis ad medium valvulis introflexis fere
« 5-locularis.
« In collibus arenisque Lusitaniæ. Caulis fruticosus ; folia linearia
« integra glandulis stipitatis obsita. Panicula corymbosa ; flores
« ampli sulphurei. »

Bory de Saint-Vincent (*Dictionnaire classique d'histoire naturelle,* 1824) a, dans ses longues excursions, retrouvé en Anda-
lousie, ainsi qu'à Ténériffe, dit-il, le *Drosophyllum lusitanicum.*

Etienne Endlicher, dans son *Genera plantarum*, se contente d'une courte description du *Drosophyllum lusitanicum*, sans citer une seule localité (ce que ne comporte pas le cadre de son ouvrage). Voici la description d'Endlicher (1836) :

« Suffrutex lusitanicus pedalis, pilis glandulosis viscidus ; foliis « confertim alternis linearibus acuminatis glanduloso-ciliatis, ver- « natione circinatis ; floribus terminalibus, corymbosis. »

M. Mëissner, *Genera Plantarum vascularium, secundum ordines naturales digesta*, 1836-1843 (gen. 22), décrit ainsi le *Drosophyllum lusitanicum* :

« Styli 5. Capsula valvarum marginibus introflexis fere 5-locu- « laris. Stamina 10. Folia linearia glandulifera. Lusitania. »

Steudel, dans le *Nomenclator botanicus*, donne la synonymie du *Drosophyllum* : DROSOPHYLLUM *Link, Spr.* 1727, *Dec.* 1320, fam. Capparideæ , *Spr.* — Droseraceæ, *Dec.*, Lusitanicum *Spr.* ♃, Lusitania. S. 1. D. 1.
Drosera lusitanica *Linn.*
Spergula droseroides *Brot.*

Le *Dictionnaire d'histoire naturelle*, publié en 1844, sous la direction de d'Orbigny, répète à peu près ce que les autres auteurs ont écrit relativement au *Drosophyllum lusitanicum* ; il n'y a rien d'original dans l'article sur cette plante inséré dans ce dictionnaire. C'est une faible et très-écourtée compilation de tout ce qui a été écrit sur le *Drosophyllum lusitanicum*. Si nous citons ce passage c'est que nous ne voulons rien omettre de ce qui a été dit sur la plante qui fait l'objet de notre étude.

« DROSOPHYLLUM, δρόσος, rosée, φύλλον, feuille. »
« Croît dans la Péninsule ibérique, et dit-on, dans les Canaries, à « Ténériffe.
« C'est un petit arbrisseau, haut à peine de 30 à 35 centim. « et couvert de poils stipités glanduleux et visqueux, à feuilles

« serrées alternes, linéaires, acuminées, ciliées, glanduleuses, dont
« la vernation est circinée, comme dans les *Drosera*, à fleurs d'un
« jaune pâle, très-grandes et disposées en corymbes. »

Tout ceci n'apprend pas grand'chose.

En 1846, Lindley (*Vegetable Kingdom*, p. 433), s'occupe de
l'habitat du *Drosophyllum lusitanicum*; il l'indique comme crois-
sant sur les collines sablonneuses du Portugal.

M. Planchon, dans son *Étude sur les Droséracées*, publiée dans
les *Annales des sciences naturelles* (série 3, IX, 79), cite l'herbier de
Hooker à Kew, dans lequel il a pu étudier le *Drosophyllum lusitanicum*.

Cette plante, dit M. Planchon (p. 104), habite le Maroc, l'Estra-
madure, le royaume de Grenade, près Cadix.

Le savant et regretté Payer, de l'Institut [1], dans ses leçons sur
les *Familles naturelles des plantes*, a fait une famille des Drosophyllées:

« X. — FAMILLE DES DROSOPHYLLÉES.

« § 54. — Cette petite famille se compose de deux genres seule-
« ment, les *Drosophyllum* et les *Dionœa*.

« Les *Drosophyllum* ont les fleurs régulières et hermaphrodites.

[1] Payer, en mourant, a légué tous ses papiers scientifiques au Dr Henri
Baillon, professeur à la Faculté de médecine et à l'École centrale, directeur
de la belle École botanique médicale créée par lui en face du Muséum d'histoire
naturelle, et classée d'après un système des plus ingénieux, président de la
Société linnéenne de Paris, rédacteur de l'*Adansonia*, membre de la Société
linnéenne de Maine-et-Loire, etc.

Payer ne pouvait confier en meilleures mains ses trésors scientifiques. Le
Dr Baillon est un des hommes éminents de notre époque. Son *Histoire des
plantes*, qu'il poursuit avec une activité sans pareille, est le plus bel ouvrage
et le plus complet qui, jusqu'à ce jour, ait été écrit sur la botanique. C'est
une œuvre sans précédent dans la science.

Tous ceux qui ont suivi le remarquable cours de M. Baillon à la Faculté de
médecine de Paris, auront constaté, comme nous l'avons fait, combien l'en-
seignement de ce maître est supérieur à tous autres et surtout combien il sait
rendre à ses nombreux auditeurs la science agréable et facile.

« Leur calice a cinq sépales en préfloraison quinconciale dans le
« bouton, et leur corolle, cinq pétales dont la préfloraison est con-
« tournée. Les étamines sont au nombre de dix ; elles sont libres
« entre elles jusqu'à la base, et disposées sur deux verticilles su-
« perposés, l'un au calice, l'autre à la corolle. Les anthères, fixées
« par la base de leur dos sur leurs filets, sont biloculaires, introrses,
« et s'ouvrent par deux fentes longitudinales. Le pistil se compose
« d'un ovaire supère, surmonté de cinq styles superposés aux pé-
« tales, et dont les extrémités, renflées en boule, sont recouvertes
« de papilles stigmatiques. Cet ovaire est uniloculaire, et au fond de
« sa cavité, on remarque un gros placenta basilaire central sur lequel
« sont dressés un grand nombre d'ovules anatropes dont le micro-
« pyle est inférieur et externe. Le fruit est une capsule qui s'ouvre
« en cinq valves superposées aux pétales, et les graines contiennent
« sous leurs téguments un albumen charnu, à la base duquel se
« trouve un très-petit embryon. Ce sont des plantes à tige frutes-
« cente, à feuilles alternes, simples et sans stipules. On n'en connaît
« qu'une espèce, le *Drosophyllum lusitanicum*, qui croît sur les
« collines sablonneuses du Portugal, et qui a été retrouvée en An-
« dalousie et à Ténériffe. »

Cette description, remarquable par sa lucidité, nous permettra,
quand nous allons étudier les *affinités*, de discuter les motifs qui
ont engagé Payer a faire une famille des Drosophyllées.

MM. Bentham et J.-D. Hooker (*Genera plantarum*, 1865) donnent
peu de chose concernant le *Drosophyllum lusitanicum*. Nous ne
trouvons dans leur ouvrage que ces lignes :

« Species Hispaniæ, Lusitaniæ et Mauritaniæ incola. DC.,
« *Prodr.*, 320. »

Enfin, l'ouvrage le plus récent où nous avons trouvé des renseignements sur le *Drosophyllum lusitanicum* est le *Botanical Ma-
gazine*, pl. 5796. « Plante, dit le rédacteur de ce journal anglais,
« sous-ligneuse, d'Espagne et de Portugal, très-curieuse par les
« nombreux poils glanduleux qui couvrent toute la plante, et jolie

« par ses fleurs jaunes, larges de 3 à 4 centim., et disposées en
« corymbe au sommet de la tige. Cette tige est haute de 30 à 40 c.,
« et les feuilles très-longues sont étroites. »

Nous avons trouvé cette traduction du texte anglais dans l'*Horti-
culteur français*, page 764, *Revue des journaux étrangers*. L'article
est signé A. de Talou.

Nous avons l'espérance que le *Drosophyllum lusitanicum* ne
restera plus une plante seulement connue des naturalistes. Cette
charmante Droséracée sera dans peu généralement livrée à la cul-
ture et fera l'ornement des jardins des vrais amateurs de botanique appliquée, qui aiment les belles et agréables fleurs.

Nous aurions pu peut-être présenter plus succinctement l'historique du *Drosophyllum*. Mais nous avons tenu à donner en entier
les descriptions publiées par les maîtres de la science, afin de
montrer que les observations que nous consignons sont bien nôtres,
et qu'elles ont essentiellement un caractère d'originalité.

Elles nous permettent d'ailleurs d'appuyer sur une base solide
les considérations que nous devons maintenant présenter sur les
rapports naturels du végétal que nous étudions.

Les affinités du *Drosophyllum* sont d'abord les mêmes que celles
des Droséracées, parmi lesquelles la plupart des botanistes l'ont
placé. N'oublions donc pas que les Droséracées ont été rapprochées
à la fois des Violariées, des Polygalées, des Tamariscinées, des
Cistinées, des Frankéniacées, des Parnassiées, des Saxifragées,
des Hypéricinées, des Berbéridées et même des Éricinées. Bartling
et Endlicher les ont classées dans leur groupe des Pariétales ;
M. J.-G. Agardh est le seul, je pense, qui les rapproche des
Népenthées : « Droseraceæ *sunt Nepentheæ superiores, nempe*
« *hermaphroditæ, verticillis tepalorum 2 distinctis pentameris,*
« *habitu et staminibus invicem liberis distinctæ.* » Mais en même
temps, il les regarde aussi comme bien voisines des Saxifragées
par l'inflorescence, la fleur, le gynécée, les glandes dont sont
chargés la plupart des organes, et même par les fruits et les enveloppes séminales. Il est vrai que la placentation est souvent pariétale
avec un ovaire uniloculaire, aussi bien parmi les Droséracées que

dans un grand nombre de Saxifragées. Mais on n'a pas, que je sache, observé parmi ces dernières, une placentation centrale et basilaire, analogue à celle que nous venons de rencontrer dans le *Drosophyllum*. Ce point ne paraît point à M. Agardh d'une valeur bien considérable, car il dit encore (*Theor. System. plant.*, 86) :

« *Præcipuam ansam conjunctionis familiarum quas parietales « vocant, in ipsa placentationis parietalis positam putarem.* »

Il ajoute :

« *Quam parvi vero momenti revera sit hæc non pauca monstrant « exempla* Cistinearum, Hypericinearum, Bixacearum, *quæ pla- « centas in centro obvias et ita centrales nominandas offerunt, « ita quoque* Byblis *inter* Droseraceas *placenta pingitur centrali,* « Dionæa *basali.* »

Le *Drosophyllum* est précisément dans le même cas que les *Dionœa ;* son placenta est basilaire. C'est pour cela que Payer qui, dans ses *Leçons sur les familles naturelles des plantes,* a accordé tant d'importance pour la classification à l'organisation du gynécée et au caractère de la placentation, a dû ranger, comme nous l'avons vu, le *Drosophyllum* assez loin des Droséracées, dans la division des familles à placenta central libre (p. 91), tandis que les Droséracées appartiennent au groupe des plantes à placentas pariétaux. Un semblable mode de classification est sans doute un Système, et l'auteur ne l'ignorait pas. Mais on doit reconnaître avec lui qu'il en est incontestablement de même pour toutes les classifications qui se décernent complaisamment, depuis un demi-siècle, le titre de naturelles, et que, système pour système, celui-là est certainement le plus commode et le moins trompeur, qui repose sur la structure du gynécée et sur les rapports de ses diffé-rentes parties. Il y a toujours des cas particuliers où ce système-là, comme tous les autres, néglige ou brise forcément des affinités naturelles. Mais dans la pratique, ceux-là seuls pourront dire si les caractères du gynécée sont utiles à la classification, qui sont arrêtés dans la détermination de presque toutes les plantes diclines dont ils n'ont pas eu à leur disposition la fleur femelle, ou du moins le pistil, ou les ovules dans leur position naturelle. Les

Drosophyllum et les *Dionæa*, c'est-à-dire le petit groupe des Drosophyllées, peut bien n'être pas considéré comme une famille distincte, mais il peut constituer, à notre avis, dans la famille des Droséracées, une section remarquable par la placentation basilaire.

C'est ce que nous accorderons, nous fondant pour cela sur l'observation des différences de placentation que l'on rencontre dans d'autres groupes naturels, comme les Philésiées, et les Berbéridées, par exemple.

Là, nous voyons les *Roxburghia*, d'une part, et les *Leontice*, de l'autre, posséder un placenta central basilaire, tandis que celui des *Lapageria* ou des *Epimedium* est nettement pariétal; sans qu'il nous paraisse indispensable, pour ce seul motif, de faire quatre familles, là où la plupart des auteurs n'en admettent que deux. Mais si nous concédons ce point aux botanistes qui n'accordent pas à la placentation une valeur absolue pour la classification, nous ne leur demandons en retour qu'une chose, c'est d'accepter les conséquences qu'entraîne la logique, quant à la véritable signification morphologique des différentes variétés de placentation qui s'observent dans le Règne végétal.

Si la placentation basilaire est de même nature, comme on s'accorde à le reconnaître, que la placentation centrale-libre, le placenta basilaire est d'origine axile; c'est un prolongement de l'axe floral, moins élevé, plus déprimé que le placenta conique, cylindrique ou renflé en boule, qui s'observe dans les Primulacées, les Santalacées, les Avicenniées, etc.; mais c'est toujours le même axe qui supporte les ovules. Si le placenta basilaire des Polygonacées, des Arroches, des *Roxburghia*, des *Leontice*, des *Drosophyllum* enfin, est un axe aplati, surbaissé, à contour circulaire très-régulier, peut-on logiquement lui accorder une autre nature, alors que son contour cesse d'être tout à fait circulaire, et que, s'allongeant un peu sur ses bords, dans un sens ou dans l'autre, il devient un peu ovale ou elliptique? Dans le *Leontice Leontopetalum*, par exemple, le placenta basilaire est un plateau circulaire qui supporte quelques ovules ascendants. Dans certains *Berberis*, le placenta est le même comme situation; mais sa forme n'est pas

3

exactement circulaire. Du côté où les bords de la feuille carpellaire viennent se rejoindre, le placenta s'allonge et s'élève un peu. D'ailleurs les ovules ont la même insertion que dans les *Leontice*, et une couple d'entre eux seulement sont insérés sur le bec saillant du placenta, un peu plus haut que les autres ovules. Peut-on admettre que la placentation soit d'une certaine nature pour une portion de ces ovules, et d'une autre nature pour les autres? Dans d'autres *Berberis*, tous les ovules sont rejetés du côté de cette saillie unilatérale du placenta; la placentation est devenue tout à fait pariétale. Mais peut-on admettre que la placentation soit morphologiquement différente de celle qui était basilaire en partie et déjà en même temps en partie pariétale? De même, dans les Berbéridées à placenta pariétal linéaire s'élevant très-haut sur les parties du gynécée, comme les *Epimedium*, le placenta est aussi de nature axile; et, comme conséquence, il y a dans les plantes que nous étudions tous les intermédiaires entre les placentas basilaires du *Drosophyllum* et les placentas pariétaux du *Drosera*; et la nature morphologique de tous ces placentas doit être considérée comme identique.

III

Afin de savoir d'une façon complète tout ce qui se rattachait au *Drosophyllum*, nous avons compulsé le magnifique herbier du Muséum de Paris, déposé dans la galerie botanique.

Cet herbier qui contient ceux des Tournefort, des Jussieu, des Vaillant, etc., a été pour nous une mine fertile que nous avons fouillée avec soin.

C'est ainsi que nous avons pu connaître un certain nombre de localités ou croît notre intéressante Droséracée.

Les étiquettes placées au bas de chaque échantillon nous ont fourni des renseignements d'autant plus précieux qu'elles viennent de la main même des botanistes qui avaient récolté cette plante.

Nous allons donc, par ordre de date, donner les notes que nous avons recueillies dans l'Herbier général pendant le temps que nous avons passé aux galeries botaniques du Muséum, aux mois de novembre et décembre 1869 [1].

HERBIER DE TOURNEFORT.

Tournefort ne cite aucune localité. C'est lui probablement qui fit connaître le *Drosophyllum* aux Jussieu. Sur l'étiquette placée au bas des échantillons récoltés par ce maître, on ne trouve que cette courte description :

Ros solis lusitanicus, foliis Asphodeli minoris.

HERBIER DE JUSSIEU.

Antoine de Jussieu est le premier qui fournit des indications sur les lieux où croît la plante.

Ros solis lusitanicus, Viridar. lusitanicum.

Ros solis lusitanicus, foliis Asphodeli minoris. *Institutiones Rei herbariæ.*

Prope Aldeam Gallegam sub pinis, februario 1717.

HERBIER DE VAILLANT.

Très-probablement, Vaillant n'avait pas trouvé lui-même cette plante, et comme Tournefort, il ne cite aucune localité. Nous serions donc portés à croire que Vaillant n'a décrit le *Ros solis* que d'après Tournefort. Les échantillons des herbiers Jussieu et Vaillant paraissent provenir de Tournefort.

Ros solis lusitanicus, foliis Asphodeli minoris. *Institutiones Rei herbariæ*, 245.

---

[1] Nous ne pouvons trop remercier MM. Hérincq et Poisson, attachés au Muséum de Paris, de la complaisance qu'ils ont mise à faciliter nos recherches dans l'herbier.

Mais c'est surtout et avant tout au savant docteur Baillon que nos remerciements doivent s'adresser ; grâce à ce maître de la science, nous avons, croyons-nous, pu mener à bien un labeur qui était loin d'être exempt de difficultés.

Chamœleontioides Grisley, Vir. lusit. epist. dedic.

Goudot, en 1828, a fait don au Muséum de plusieurs échantillons du *Drosophyllum lusitanicum*, rapportés par lui de Tanger ; nous copions l'étiquette mise au bas de la plante :

Drosera lusitanica.
Drosophyllum lusitanicum Link.
Tanger, Gibel–Kibir.

M. Goudot, 1828.

Drosera lusitanica.
    Gibel Kibir, ou montagne élevée.
      Circa Tanger. Goudot.

L'herbier de Schousboe, dispersé aujourd'hui, mais dont des types se trouvent actuellement en partie dans les collections du Muséum, possédait le *Drosophyllum*, comme on en peut juger par cette note placée au bas des échantillons récoltés par ce botaniste :

Drosophyllum lusitanicum Link.
Drosera lusitanica L. (Schousboe.)
Haud infrequens in monte Djebel–Kebir, prope Tanger.
Locis petrosis inter frutices, junio 1831.

L'herbier du Muséum de Paris fournit encore deux précieux renseignements sur les lieux où croît le *Drosophyllum*. Ainsi, en 1836, puis en 1840 et 1841, le docteur Teilleux rapporta de ses voyages d'Algérie et d'Espagne, le *Drosophyllum lusitanicum*, comme nous pouvons en juger d'après l'étiquette placée au bas des échantillons récoltés par ce savant docteur[1].

Herbier du Muséum de Paris.

Mai 1836, prés humides, Algérie.

Voyage en Espagne de M. le docteur Teilleux, 1840-1841, n. 38.

---

[1] En 1841, M. le docteur Teilleux avait reçu une mission scientifique du gouvernement français pour l'Espagne et le Portugal, il s'embarqua à Marseille pour Barcelone avec un professeur de dessin d'Angers, M. Hawke.

Un naturaliste distingué, M. le docteur Guillemin, auteur des *Archives de Botanique*, a fait don à l'herbier de plusieurs échantillons du *Drosophyllum*.

HERB. Dr GUILLEMIN.

Drosophyllum lusitanicum Link.
Mauritania. Goudot, 1828.

Willkomm nous donne de bonnes indications sur le *Drosophyllum*; ce botaniste avait visité l'Espagne en 1845.

H. M. WILLKOMM.

Iter hispanicum.
Drosophyllum lusitanicum Link.
    Pl. exsicc., n. 603.
Hab. in glareosis arenariis aridis montium prope oppidum San Roque occidentem versus sitorum.
Altitudo 2000.
Legi die 8 mensis april. 1845.

Le botaniste Bourgeau, dans ses herborisations faites en Espagne dans l'année 1849, a rapporté de ce pays le *Drosophyllum lusitanicum*.

Voici ce que nous avons lu au bas des échantillons de M. Bourgeau, déposés au Muséum de Paris.

E. Bourgeau, plantes d'Espagne,
1849.

64. *Drosophyllum lusitanicum* Link.

Rochers arides au *Picacho de Alcala de los Gazules*.
Abondant surtout à *Pena-Blanca*.

Fl., 21 avril.
Fr., 2 juin.

M. Welwitsch nous a rapporté de son voyage de Portugal le

Drosophyllum, comme nous l'avons constaté sur les échantillons provenant de ses herborisations dans ce pays.

Welwitsch. Iter lusitanicum,
Drosophyllum lusitanicum

N° 51. In Transtagenæ pinetis prope Coina, maio 1851.

L. Dufour, ce botaniste qui jusqu'à l'extrême vieillesse n'a cessé de s'occuper des plantes [1], a aussi vu sur les lieux notre jolie fleur; voici ce que nous avons constaté dans l'herbier du Muséum.

Drosophyllum lusitanicum. — Cadix. M. Dufour.

Salzmann a aussi récolté la plante à Tanger « *in ericetis tingitanis* ». — Herb. du Mus.

M. Boissier nous apprend que, dans son voyage en Espagne, il l'a observée dans le royaume de Grenade, à Cadix, à Tarifa et à Algésiras.

Le Dr Leman l'a trouvée à Gibraltar.

Depuis Tournefort jusqu'à nos jours, nous avons pu, sur l'herbier général du Muséum d'histoire naturelle de Paris, étudier assez complétement l'aire géographique peu étendue du *Drosophyllum lusitanicum*.

En terminant, nous dirons que le travail que nous venons d'accomplir, a été pour nous l'objet constant des observations les plus intéressantes; aussi regrettons-nous vivement de ne point connaître ce riche pays de Portugal déjà exploré par tant d'illustrations botaniques, et qui a donné naissance à Brotero.

[1] M. Dufour est mort en 1868, âgé de 86 ans. C'était un vieillard aimable qui cherchait autant qu'il lui était possible à venir en aide aux jeunes naturalistes.

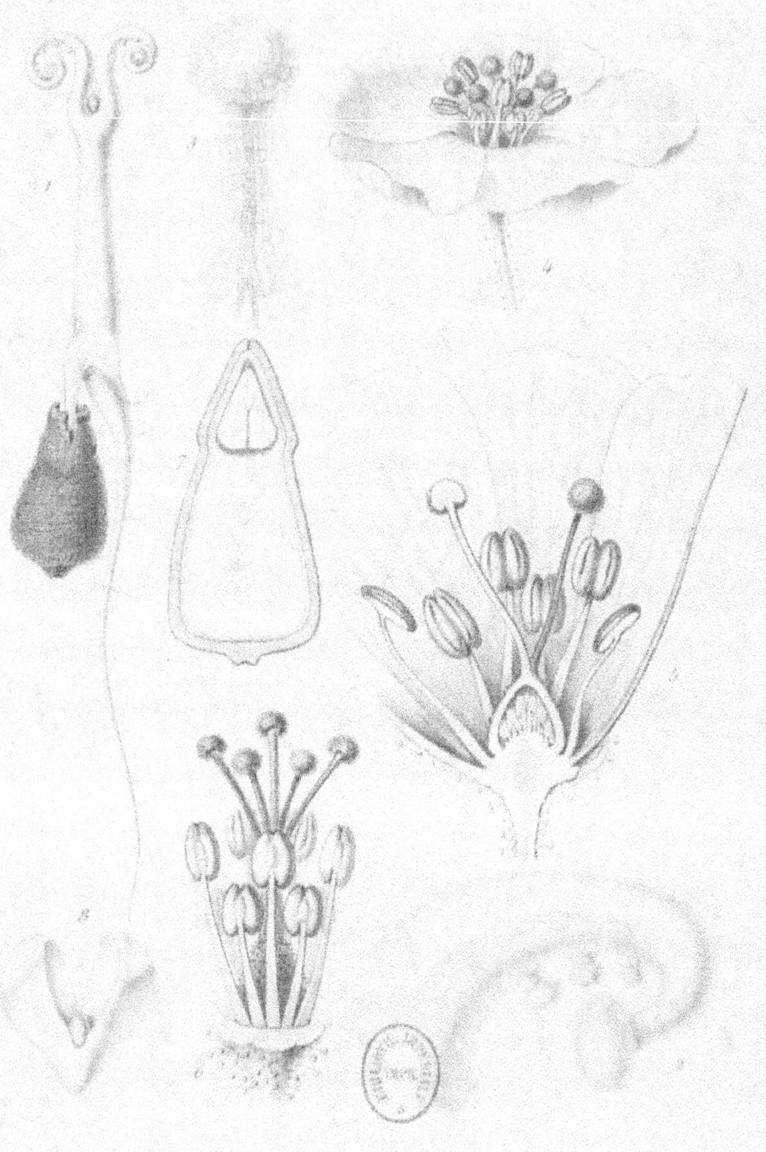

Drosophyllum lusitanicum

EXPLICATION DES FIGURES.

Fig. 1. Plante en germination (12 diam.). Par l'extrémité aiguë de la graine est sortie la plantule. Les cotylédons sont renfermés sous les téguments séminaux, sauf leurs pétioles recourbés. D'entre leurs bases s'élève la tigelle, portant à son sommet un bourgeon et, au dehors de lui, deux feuilles opposées, révolutées.

Fig. 2. Sommet d'une très-jeune feuille (30 diam.), terminée par une glande et déjà pourvue sur sa face inférieure de trois jeunes lobes, en forme de glandes stipitées. On voit par transparence des faisceaux fibro-vasculaires, émanés de ceux du limbe, se rendre dans ces lobes glanduliformes.

Fig. 3. Un jeune poil capité (lobe glanduliforme), grossi (35 diam.). On voit son extrémité renflée en tête, et la tige dans laquelle on distingue par transparence, du centre à la circonférence : des trachées, du parenchyme, et des cellules épidermiques incolores.

Fig. 4. Fleur épanouie (2 diam.).

Fig. 5. Fleur, coupe longitudinale (3 diam. 1/2). Le gynécée n'était ici formé que de trois feuilles carpellaires ; aussi ne voit-on, sur la coupe longitudinale, que deux branches stylaires dont une fendue suivant sa longueur. C'est le sommet de l'axe floral qui, dilaté en placenta, porte les ovules.

Fig. 6. Fleur dont on a coupé le périanthe (3 diam. 1/2). Ici le gynécée était construit sur le type quinaire ; le style a cinq branches, terminées par une boule stigmatifère.

Fig. 7. Graine, coupe longitudinale (25 diam.). Sous les téguments on voit une cavité inférieure, en forme de cône tronqué, qui loge l'albumen. Plus haut et séparée de la précédente par une saillie circulaire, visible en dehors de la graine, se trouve une autre cavité conique qui loge l'embryon et, autour de lui, une couche très-mince d'albumen.

Fig. 8. Embryon isolé (50 diam.). Les cotylédons sont écartés et l'on voit entre eux les deux feuilles qui viennent plus haut et qui sont opposées, appliquées étroitement l'une contre l'autre et formant une gemmule conique.

ANGERS, IMPRIMERIE P. LACHÈSE, BELLEUVRE ET DOLBEAU.